LE DROIT DE LA TERRE

Dominique Temple

LE DROIT DE LA TERRE

Collection *réciprocité*

N° 17

CC BY NC ND, 2019, Collection *réciprocité*

ISBN 979-10-97505-16-5

SOMMAIRE

INTRODUCTION

Nos sociétés qui s'inquiètent aujourd'hui de leur avenir constatent dans quel état elles ont plongé la nature. La terre où s'invente la vie n'est-elle pas autre chose qu'un moyen de production ou d'exploitation ? Combien de mythes et de traditions témoignent pourtant des sentiments de respect et de reconnaissance dont on l'honorait autrefois. À la fois socle et énergie, la Terre était investie du rôle de "nourrir" le devoir de chacun : partager, transmettre, recevoir et donner… afin que de ces relations de réciprocité naisse un *sentiment commun* d'humanité. Quelle charge de rendre possible ces responsabilités humaines… mais aussi quelle gloire ! C'est à cela sans doute que répondaient les dévotions aux divinités de la Terre.

Pourquoi faudrait-il ignorer ou feindre de ne plus comprendre les rapports qui lient les hommes entre eux, et détruire machinalement ce par quoi ils essaient de construire du sens ? La Terre qui résonne au labeur de l'homme l'autorise à créer, à se réaliser, à se dépasser même vers toujours plus de convivialité. Le *droit de la Terre,* c'est avant tout le droit des hommes à vivre et à exister selon leur "mode d'être", leur idéal de société.

Lorsque l'homme faisait corps avec la nature, il ne connaissait que l'offrande des uns aux autres pour engendrer la conscience qui lui donne son nom. La terre était plus que complice, elle participait de l'offrande mutuelle. La conscience commune lui était attribuée tout autant qu'aux communautés de parenté. Lorsque par l'outil l'homme obtint plus que ce qu'elle lui donnait simplement, il soumit la distribution du fruit de son travail à la réciprocité d'alliance et de filiation des origines. Mais avec le travail, il accéda à une liberté indépendante de la nature. On sait comment la société européenne prétendit, au nom de cette liberté, à l'usage souverain de la force. La passion du pouvoir la conduisit à la privatisation de la terre et de la force de travail comme moyens de production non pas de la liberté commune mais de la domination des uns sur les autres. C'est alors sur la force que cette société dite "moderne" a fondé son droit.

La démesure de l'homme capitaliste qui prétend imposer sa jouissance à la terre au risque de l'épuiser s'affronte avec la reconnaissance de la commune destinée de la terre et de l'homme, car c'est son propre corps qu'il met en péril dans la destruction de la nature, et c'est lui qu'il tue en tuant la terre. Aujourd'hui, il devient évident que l'Esprit doit aussi se penser comme le droit de la nature à la vie. Différentes communautés dans le monde ont su préserver ce droit en le proclamant comme sacré, alors que d'autres l'ont "oublié".

Statue Aztèque en pierre, offrande du cacao, XVe siècle.

(National Antropology and History Museum of Mexico)

Le juriste Bartolomé Clavero[1], spécialiste en histoire du droit, fait observer dans : « Droit agraire indigène entre Code français et Constitution bolivienne », qu'il n'existe pas de théorie du Droit vis-à-vis de la Terre dans les systèmes juridiques occidentaux, pas de *Code de la Terre*. La question est écartée du Code civil, et se réduit à l'application de la propriété privée et du Code du commerce à la Terre :

> « Si le Code Civil admit un complément dans son propre champ, ce fut de nature marchande, le *Code du Commerce* (1807), code particulier pour le marché, et non pas un code agraire, code pour la terre et pour ceux qui vivaient directement ou tiraient d'elle leur subsistance, une immense majorité donc. Malgré tout son caractère de base, malgré toute son importance sociale, cet autre dossier possible, celui de la question agraire, restera exclu du modèle de codification. On estima que le Code Civil général suffisait. Mais qu'on ne pense pas qu'il s'est agi d'une incapacité ou d'une faute d'attention dans le projet des codes. La nécessité d'un droit agraire avec un code qui lui soit propre, un code particulier au moins comme le code du commerce, fut réellement discutée depuis le commencement et depuis lors. Il y eut des projets, y compris formels, de *Code Rural*. Son rejet finalement définitif dans les à côtés qui entourent la codification classique joints au *Code Civil* fut le résultat d'une détermination en fin de compte consciente et délibérée[2]. »

Ce n'est d'ailleurs pas seulement le Code agraire qui se trouve écarté du Droit mais également le Code du Travail.

---

1. Bartolomé Clavero S., *"Derecho agrario indígena entre código frances, costumbre Aymara, orden internacional y Constitución boliviana"*, in *Revista de estudios políticos*, n° 125, Bolivia, 2004, pp. 79-108.
2. *Ibid.* p. 81 (c'est nous qui traduisons).

Il vaut la peine de citer encore Bartolomé Clavero :

> « La question agraire n'était pas la seule matière importante laissée sans code propre, ce qui impliquait la carence d'un ordonnancement spécifique qui la considérât comme une entité propre, lui donnât du relief et lui témoignât considération. La même chose se passa avec le travail, en soi et en relation avec l'entreprise, entreprise et travail agricoles inclus, c'est-à-dire exclus. Un code du travail, tout droit de telle nature, fut l'objet d'un refus bien délibéré. Le Code Civil traitait la relation ouvrière comme un effet et un facteur de subordination à l'autorité du propriétaire, l'excluant ainsi du monde du contrat civil comme, sauf exceptions, de celui du commerce. Pour le modèle originaire de la codification, ce n'est pas que le travail, le travail agricole inclus, devait être abandonné à la liberté du marché, mais qu'il devait être assujetti au pouvoir de la propriété[3]. »

Mais revenons à la Terre : La Terre est notre habitat, elle est aussi notre environnement et enfin notre moyen d'existence. Comment se fait-il qu'elle soit hors droit dans la société occidentale ou incluse dans un droit inapproprié ? Sans doute parce que dans l'analyse des Européens de la fin du XVIIIᵉ siècle où fut rédigé le Code civil, la Terre était pensée comme une richesse d'une fécondité sans limites. Les techniques d'élevage avaient pris le relais des techniques de chasse, les techniques agricoles celles de la cueillette, mais elles ne mettaient pas en danger la nature, elles l'enrichissaient. Aucune en tout cas ne menaçait d'épuiser les ressources fondamentales ou de détruire les conditions d'existence de l'humanité. Certaines de ces

---

3. *Ibid.* pp. 81-82.

ressources étaient d'ailleurs estimées infinies comme l'air, l'eau, le soleil et le sol. Les philosophes de l'Antiquité avaient même imaginé que l'un ou l'autre de ces quatre éléments pouvait être le principe de l'univers !

Au cours de la Conquête du Nouveau Monde, les colons s'estimaient donc libres de s'approprier les terres sur lesquelles habitaient les "indigènes", du moment que ceux-ci ne reconnaissaient pas le principe de la propriété privée. De plus, les indigènes recevaient les colons occidentaux comme des bienvenus, des hôtes de prix, et leur offraient volontiers assistance pour qu'ils s'installent chez eux[4]. Dans la pensée des Européens, qui eux privatisaient la terre, les « naturels » pouvaient se déplacer « selon leurs coutumes », et trouver d'autres terres ailleurs.

Aujourd'hui, les quatre éléments de la nature que l'on pensait infinis nous sont comptés. Le soleil est perçu comme une ressource critique depuis que l'on sait que nous sommes protégés de son excès par un voile d'ozone fragile. L'eau est devenue une source de conflit, la terre cultivable ne suffit plus aux populations dont la croissance démographique est forte, et sur les plus grandes agglomérations du monde, l'air est devenu plus ou moins nocif. Les autres ressources (combustibles, énergies fossiles, métaux et bois rares, espèces animales ou végétales...) ne sont disponibles qu'en quantités limitées par rapport aux besoins annoncés par les pays en voie de développement sans que la technique ne puisse leur substituer d'autres ressources qui ne soient à leur tour immédiatement compromises ou dangereuses.

---

4. Cf. Christophe Colomb, *La découverte de l'Amérique*, (3 vol.), rééd. *Écrits complets 1492-1505*, éd. La Découverte, Paris, 2015.

Quoi qu'il en soit, les hommes se retrouvent avec un droit inapproprié vis-à-vis des ressources de la Terre. Faut-il reconnaître deux interprétations de la *propriété*, dont l'une ressortirait d'un droit communautaire, et l'autre du code civil d'origine occidentale qui défend la privatisation de la terre ?

Paysage du Gran Chaco, Paraguay.

(Photo de Ilosuna, 2004)

I

LE DROIT FONCIER CHEZ LES GUARANIS

L'Encyclopédie Larousse nous donne cette définition du *foncier* : « Propriété foncière et tout ce qui s'y rapporte ». Elle précise dans son commentaire :

> « La terre est le moyen de production essentiel dans l'agriculture. Au contraire du capital pour l'industrie (machines, etc.), la terre constitue un bien disponible en quantité limitée et non produit par l'activité humaine [...], même si la terre peut être *améliorée* par l'agriculteur. Ces différences par rapport au capital sont fondamentales et font de la terre une catégorie économique distincte de celui-ci, opposition se traduisant dans la nature des revenus fournis : les rentes pour la terre, le profit pour le capital. Cependant, on a coutume d'appeler *capital foncier* les terres d'une exploitation agricole, car la terre est un bien qui s'échange sur un marché[5]. »

------

5. Cf. Grand Dictionnaire Encyclopédique Larousse, Paris, 1983, tome 6, p. 4362.

La terre est donc considérée chez les Occidentaux comme *moyen de production* dans un système où la finalité de la production est appelée *rente foncière* ou *capital foncier* (parce que la rente est assimilée au *profit*, et la terre à un *capital*). Le dictionnaire souligne toutefois que la terre est une donnée économique particulière parce qu'elle n'est *pas produite par l'homme* et parce qu'elle est *en quantité limitée*. Comment donc peut-elle être privatisée par les uns ou les autres et s'échanger sur un marché ? Ou encore : comment peut-elle être répartie initialement entre les hommes pour pouvoir être privatisée et échangée ?

Le mode de vie occidental est fondé sur la propriété privée, la concurrence, l'échange, la production industrielle, l'accumulation du capital, l'exploitation du travail, le profit. Cependant, hors de cette zone d'influence, la terre entre dans la définition d'autres modes de production. Et si ces modes de production n'ont pas pour but le profit, la définition occidentale du foncier ne peut être retenue. En fait, les Occidentaux résolvent ce problème en décrétant irrationnel tout régime foncier qui s'oppose au leur. Par exemple, en France, l'ethnologie fait référence à Pierre Clastres, qui définit les systèmes fonciers indigènes du Nouveau Monde comme des systèmes *anti-productifs* :

> « Non seulement les forces productives ne tendent pas au développement, mais la volonté de sous-production est inhérente au mode de production domestique [...]. Les sociétés primitives sont des "machines" anti-production[6]. »

---

6. Pierre Clastres, Préface, dans Marshall Sahlins, *Âge de pierre, âge d'abondance*, Gallimard, Paris, 1976, pp. 11-30 ; p. 29.

Dans le monde anglo-saxon, l'ethnologie se réfère à Marshall Sahlins, qui définit les sociétés qualifiées de chefferies comme *anti-économiques* car la production y serait, selon lui, détournée des impératifs de l'économie au bénéfice de considérations non-économiques (religieuses, idéologiques, politiques, etc.) :

> « Toute l'évolution sociale du monde primitif tend, semble-t-il, à soustraire l'économie domestique au contrôle de la structure de parenté et des obligations de solidarité pour l'assujettir plus étroitement à la structure politique[7]. »

D'où vient que pour ces théoriciens de l'échange, la production des systèmes dits primitifs ou indigènes ou archaïques… paraissent improductifs ? Du fait qu'ils ne dégagent pas de surplus pour le privé, surplus que le privé puisse investir pour augmenter production et profit, du fait qu'ils ne dégagent pas de rentes qui puissent se constituer en capital, et qu'ensuite l'accumulation primitive ne puisse être gagée et produire elle-même des intérêts. L'économie capitaliste ne reconnaît qu'une économie : celle qui permet la constitution du capital. Or, c'est encore sur cette "pensée unique" qu'est fondée l'anthropologie économique occidentale. Il serait étonnant de voir les capitalistes accepter que se constitue une *autre* société que la société libérale sur la planète ! Pourtant, on ne peut attendre de remise en cause de la mondialisation que d'une discipline scientifique qui s'inquiète de l'altérité, c'est-à-dire de l'ethnologie. Mais l'idéologie libérale a posé dès l'origine son veto à toute remise en cause des principes du libéralisme par la recherche ethnologique. Est-ce à dire que,

---

7. Marshall Sahlins, *Âge de pierre, âge d'abondance, op. cit.*, p. 179.

comme le prône une ethnologie aux ordres du système capitaliste, tous les systèmes de production autres que le système capitaliste tendent au sous-développement (Clastres), ou qu'ils sont anti-économiques (Sahlins) ?

Repartons de la définition du dictionnaire : le *foncier* comme appropriation d'un territoire par des hommes en vue de satisfaire une production économique – mais sans définir l'économique par la production capitaliste. On constate aussitôt que les régimes fonciers de toutes les sociétés du monde diffèrent du régime foncier de la société occidentale.

Au lieu de partir des catégories occidentales pour analyser les données des Guaranis du Paraguay, l'historien et ethnolinguiste Bartomeu Melià[8] les interroge sur leurs propres catégories, dans leur langue, et leur demande leurs définitions. Il interroge « une société d'agriculteurs qui cultivent le maïs, le manioc et beaucoup d'autres légumes ou rhizomes en grande quantité et en abondance : la société guarani du Paraguay ». La réponse de ces agriculteurs est que ce que nous appelons le foncier existe bien dans leur société et s'appelle le *tekoha*. Le *tekoha* est défini comme le moyen de production agricole de l'économie domestique, mais aussi comme l'espace vital ou l'habitat, et encore comme la *terre humanisée*[9].

Mais ne suffirait-il pas de promouvoir des statuts d'artisan (forgerons, tisserands, etc.) pour que se constituent des villages, et que l'habitat ne soit plus lié au

---

8. Cf. Bartomeu Melià, *Mundo Guaraní*, 2ᵈᵃ edición corregida e ilustrada, Editada por Adriana Almada, Asunción, 2011.

9. Cf. Bartomeu Melià, *El Guaraní conquistado y reducido, Ensayos de etnohistoria*, vol. 5, Asunción, 1988, rééd. 1993.

mode de production paysan ? Dès lors, le *tekoha* pourrait devenir un espace socialisé par l'industrie humaine, et la terre ne serait plus que le moyen de production des biens économiques immédiats, les vivres. Et la production des biens industriels pourraient déterminer les conditions d'existence de la société. Celle-ci pourrait dépendre de ceux qui s'emparent des moyens de production.

Les interlocuteurs de Bartomeu Melià orientent différemment la discussion parce qu'ils précisent que leur *mode d'être en société* s'appelle le *teko*. Désormais, nous avons une proposition inverse de la précédente : c'est le moyen de production économique, la terre – le *tekoha* – qui est adapté à un *mode d'être* – le *teko* –, et non pas ce mode d'être à un mode de production de biens matériels.

Si le *mode d'être* subordonne le foncier (si le *teko* subordonne le *tekoha*), la production agricole ne peut plus être considérée comme le socle de la société dite primitive – comme le soutient la thèse occidentale. En effet, en théorie au moins, le *mode d'être* (*teko*) peut tout aussi bien subordonner la production agricole que celle des différents statuts artisans ou autres, et cela que ce soit avec un habitat dispersé ou rassemblé dans le hameau ou le village, voire la ville.

Si nous pouvons soutenir que le *tekoha*, en tant que régime foncier et mode de production économique, ne détermine pas le *teko* – le mode de vie des Guaranis – et que à l'inverse le *teko* intègre à sa dynamique la nature, serait-ce, comme le dit Sahlins l'idéologie ou l'imaginaire des chefs ou la religion des prêtres qui s'imposerait à la structure de production domestique ? N'est-ce pas pour cela que, sans nier que la production puisse être ordonnée à un développement, Sahlins a pu imaginer que cette production soit captée par le politique et détournée de ses objectifs de croissance purement économique (en appelant croissance la croissance du capital) ?

Puisque le mode de vie occidental est à ce jour déterminé par la progression de la croissance économique dans un système d'accumulation régulé par un marché de libre-échange considéré comme rationnel et objectif, Marshall Sahlins suggère que l'idéologie politique ou l'imaginaire des communautés s'opposerait à la rationalité de l'économie (occidentale). Or, il existe une autre solution : le rapport fondamental du politique, c'est-à-dire la relation à autrui, ainsi que le rapport fondamental de la production économique, c'est-à-dire la relation à la nature, peuvent avoir la même rationalité. Selon cette thèse, on produit le politique comme on produit l'économique. Dès lors, on ne peut plus les subordonner l'un à l'autre ou les opposer en disant que l'un entrave l'autre ou que l'un est rationnel et l'autre irrationnel. Au contraire, on devra considérer que le développement de l'un est indispensable au développement de l'autre.

Dans le mode de production capitaliste, la *reconnaissance d'autrui* est certes nécessaire sinon il n'est pas possible d'échanger avec lui. Cette reconnaissance bute toutefois sur le sentiment que le développement de sa propre humanité passe par la réduction de celle de l'*autre* à ce que l'on peut en connaître pour satisfaire son intérêt. Il est impossible dès lors d'affirmer que sa propre humanité soit l'humanité de référence pour autrui comme pour soi-même. Une référence commune ne peut être que le résultat d'un contrat entre personnes privées, avec tous les aléas et les risques qui accompagnent les conditions du contrat. Par contre, dans un rapport de réciprocité où l'on ne conforme pas la relation à autrui à l'appropriation privée des biens mais le contraire, c'est-à-dire où l'on ramène le mode d'appropriation des biens à une *relation à autrui* qui vise une satisfaction commune, le mode d'appropriation de la terre peut être conforme à cette relation.

Il nous faut en savoir davantage sur ce que les Guaranis appellent le *mode d'être* (le *teko*) et sur sa rationalité qui se prétend celle d'une relation entre les hommes applicable à la nature – une rationalité qui se prétend donc compétente dans un champ incontestablement plus vaste que le champ de "l'utile" couvert par la rationalité du mode de production occidental.

> « La sémantique du *tekoha* va moins du côté de la production économique que vers celui d'un mode de production de culture. *Teko* est selon la signification donnée par Montoya dans *El Tesoro de la lengua guaraní*[10] (1639, f. 363 ss) : "mode d'être, mode d'existence, système, loi, culture, norme, comportement, habitude, condition, coutume [...]". Et donc, le *tekoha* est le lieu où se donnent les conditions de possibilité du mode d'être guarani. La terre, conçue comme *tekoha*, est avant tout un espace socio-politique[11]. »

Comment, répondent les ethnologues occidentaux, ce *teko* peut-il être engendré sinon par le mode d'appréhension des biens nécessaires à la vie ? Pourrait-on construire la

---

10. *El Tesoro de la lengua guaraní* [Madrid, 1639] est un dictionnaire compilé par Antonio Ruiz de Montoya (1585-1652), lors de la fondation des Réductions jésuites du Paraguay.

11. Cf. Bartomeu Melià & Dominique Temple, *El don, la venganza y otras formas de economía guaraní*, Centro de Estudios Paraguayos "Antonio Guasch", Asunción, 2004, p. 20.

société guarani sans au préalable cultiver des champs pour nourrir sa famille ?

« Bien que cela paraisse un paralogisme, il faut admettre, avec les dirigeants guaranis eux-mêmes, que sans *tekoha*, il n'y a pas de *teko* », accorde Melià. Mais si le *tekoha* ne précède pas le *teko*, et si le *teko* ne précède pas le *tekoha*, reste donc l'hypothèse d'une rationalité commune à l'appréhension des choses entre elles et des hommes entre eux. Or, pour les Guaranis, certaines activités sont à peu près impensables sinon sous la forme communautaire.

Le *Tesoro de la lengua guaraní* donne de nombreuses définitions concrètes des travaux domestiques, mais lorsqu'il s'agit de définir le travail pour lui-même, Montoya recueille un terme précieux : *potirõ* "mettre les mains à l'œuvre" (*Tesoro*, f. 321). Dérivé de *po* (mains), son étymologie serait "toutes les mains" (*Tesoro*, f. 310). La contextualisation de ce terme ouvre des perspectives sur des aspects importants d'ethnographie économique guarani : il intervient en effet dans la culture du maïs, la fabrication des canoës, la fabrication d'une nouvelle maison. Melià décrit :

> « En étroite relation avec cette forme de coopération qui est beaucoup plus qu'une conjonction de forces physiques, existe la notion d'invitation (au sens d'invitation à un grand repas, une fête, un banquet) désigné par le terme *pepy* (*Tesoro*, f. 268 v) : *Og pepy*, banquet qui s'offre à ceux qui aident à faire la maison.

De la survie du *potirõ* ou du *mutiraõ*, dans plusieurs sociétés rurales du Brésil, reste la définition suivante : "Aide mutuelle, gratuite, que se prêtent les travailleurs ruraux se réunissant pour l'exécution d'une tâche au bénéfice de l'un des travailleurs, lequel fournit la boisson et les mesures nécessaires à la fête en son territoire", juste après ou à la fin des services avancés (Cunha 1989, p. 217 ; voir Fernándes, 1949, p. 120)[12].

Le *potirõ* et le *pepy* se structurent à leur tour en une forme économique plus grande qui détermine le mode d'être guarani qui est le *jopói*. Et le *jopói*, c'est la réciprocité. *Jo* est le morphème qui en Guarani signifie, selon Montoya (*Tesoro*, f. 196 v.), le réciproque mutuel ; et il offre des compositions très suggestives [...]. *Pói,* dans son étymologie, renfermerait le sens de "main ouverte", et signifie "ouvrir la main pour donner". À nouveau, dans les exemples de Montoya (*Tesoro,* f. 313/307), *orojopói*: "donnons-nous des choses et invitons-nous à manger"[13]. »

Le processus du travail est, chez les Guarani, essentiellement déterminé par la reproduction du don, c'est-à-dire par la réciprocité positive[14]. C'est donc par la notion d'appropriation de la terre, la notion du travail qui est en jeu.

On comprend pourquoi la question du Code rural est liée à celle du Code du travail, et pourquoi ce sont les mêmes raisons qui les excluent d'un droit européen : dans le *jopói*, le travail n'est pas subordonné à l'autorité du propriétaire. Il trouve sa raison pratique dans autrui, le

------

12. Pour ce qui est du don de la boisson comme symbole de la réciprocité, parole silencieuse qui ouvre la réciprocité de la conversation, lire de Claude Lévi-Strauss *Les Structures élémentaires de la parenté* (1947), chap. Le principe de réciprocité.

13. Melià & Temple, *op. cit.,* pp. 47-49.

14. Cf. D. Temple, *La Dialectique du don. Essai sur l'économie des communautés indigènes*, Paris, Diffusion Inti, 1983. 2de édition : La Paz, Hisbol, 1986, rééd. 1995.

travail ne se conçoit que pour autrui, le travail humain est *travail-pour-autrui*. De cette façon, l'invitation et la fête, le banquet festif sont la première raison de cette économie du travail. Sans réciprocité, on ne peut comprendre le travail guarani :

> « *Potirõ, pepy, jopói* sont à peine des moments différents d'un même mouvement dans lequel le "mode d'être guarani" se fait idéalement et formellement, mais non pas d'une façon abstraite sinon dans le concret de la production des conditions matérielles de son existence qui jamais ne sont celles de sa seule subsistance[15]. »

Bartomeu Melià nous dit ici que la relation à autrui n'est plus celle de la propriété et de la concurrence entre intérêts privés : elle est celle de la "main ouverte", et cette relation a pour objet de satisfaire a priori l'intérêt de l'autre (le contraire donc du fondement de l'économie politique occidentale). Mais ce qui est également précisé est que cette relation ne peut pas être un moment "politique", "idéologique", "religieux" qui viserait une partie spirituelle de l'homme sans prendre en considération son existence physique et ses conditions matérielles. Il n'y a pas de bienveillance vis-à-vis d'autrui qui ne commence par s'inquiéter de ses besoins les plus économiques au sens strictement occidental du terme : la soif, la faim, la protection. Il s'ensuit que c'est le *travail* lui-même qui reçoit ici une définition précise : travail-pour-autrui et non pas pour la propriété privée et l'accumulation. Travail-pour-autrui (*potirõ*) parce que nécessairement lié à l'invitation (*pepy*). Or, si le travail est pour autrui, s'il est donné, il doit

---

15. Melià & Temple, *op. cit.*, p. 49.

être reçu et reproduit puisque c'est un principe qui s'impose à tous et à tout, et c'est le *jopói,* non plus "l'échange entre intérêts pour soi" mais "la réciprocité du travail pour autrui", et la raison en est claire : le banquet (au sens platonicien), le lieu où les hommes se rassemblent pour parler ensemble, la fête de la culture. Bartomeu Melià confirme :

> « C'est le thème de la fête, qu'il n'est pas question de traiter ici ; mais pour dire seulement que en elle, la boisson de *kaguï,* fruit de la terre et du travail de l'homme, nourrit le don de paroles, nom du Guarani en tant que tel[16]. »

Évidemment, le "Trésor" de Montoya nous fait revenir à quelques siècles en arrière. S'il a l'avantage de nous offrir des données incontestables et d'une pureté quasi parfaite, il laisse au contradicteur l'opportunité de dire : « qu'il s'agit d'un temps révolu ; qu'aujourd'hui, sans doute, etc. ». Melià répond à cette objection dans le paragraphe intitulé : « Les Guaranis modernes » :

> « L'ethnographie actuelle du *potirõ* et du *pepy,* telle qu'elle se donne dans les sociétés guaranis contempo-raines et dans les sociétés rurales paraguayennes et brésiliennes, par exemple, vient confirmer et revivifier la plupart des locutions du dictionnaire. "L'institution du travail collectif et festif non rémunéré, *mba'e pepy,* est l'expression de la solidarité communautaire et se base sur le principe de réciprocité. Son équivalent créole d'origine guarani est la *minga* (dénomination quechua) ; au Brésil connu comme *puxirão* ou *mutirão, puxirõ.* Le chef de famille (*óga jára, óy járy*) invite ses voisins et

---

16. *Ibid.,* pp. 49-50.

parents (*omondo jovía mba'e óga jára*), pour un travail déterminé, par exemple, *tape kopi pepy* (débroussaillage d'un chemin), *jahape pepy* (construction d'un toit), *óy pepy* (construction d'une maison), *kopi pepy* (ouverture d'une clairière) ou simplement le *mba'e pepy* (*kóy apo*) dans son champ. Comme c'est *tupã reko* [sacré], l'invité est moralement obligé de venir, généralement le samedi très tôt, et de travailler avec intensité et allégresse – fréquemment en compétition sportive avec les autres – jusqu'au milieu du jour. Ensuite commence la partie festive, parce que le *pepy járy* offre la nourriture et la "chicha" bière (*omongaru omonga'u géntepe, kóa ipepy*).

Les femmes également peuvent inviter leurs *mba'e pepy*, par exemple, au *avati po'o pepy* ou au *kumanda po'o pepy* (récolte de maïs ou de haricots). Les bénéficiaires sont soit les membres d'une famille nucléaire – et dans ce cas les participants ont le droit d'emporter des "provisions" des champs pour leurs familles – soit la communauté en général, s'il s'agit de chemins, ponts, plantation d'une bananeraie ou des travaux de débroussaillage, de haies ou de planter des bornes. Dans ce cas, la décision sur le *mba'e pepy* se prend dans une réunion générale (*aty guasu*).

Les habitants d'une grande maison forment une unité de production et de consommation. [...] Cette forme traditionnelle change légèrement s'il s'agit de petites maisons et de familles nucléaires. Dans ce cas, les hommes de toute la famille étendue (de différentes maisonnées donc) travaillent ensemble dans l'abattage des arbres et le débroussaillage de la clairière, mais plantent, récoltent et consomment, fréquemment, famille par famille". (Melià & Grünberg, 1976)[17]. »

---

17. *Ibid.*, pp. 57-58.

Ce qui intéressait les Guaranis d'il y a cinq siècles, qui étaient des éleveurs et des cultivateurs, des artisans et des guerriers, concerne donc à présent les paysans du Brésil et du Paraguay, qu'ils soient ou non Guaranis !

Nous avons cité longuement ce texte parce qu'il ouvre de nouvelles perspectives. *Tupã reko* ! (« Lorsque c'est *tupã reko* (*reko = teko*), l'invité est moralement obligé de venir »). Le "mode d'être" guarani est donc dit *tupã*. *Tupã* est le nom qui fut sélectionné dans la Trinité de la religion guarani par les Jésuites pour traduire le *Dieu* chrétien[18] : affaire divine donc ! Décidément, Sahlins n'était pas loin de la vérité lorsqu'il disait que l'économique était "ennoyé" dans le politique ou l'imaginaire religieux ! Mais qu'en est-il de la rationalité du *Tupã reko*, car c'est de cela dont il s'agit ? Allons droit à la religion des Guaranis, et immédiatement au premier commandement de la Loi :

> « Ayant obtenu tes fruits parfaits (*aguyje*), tu en donneras à manger à tous tes voisins sans exception. Les fruits parfaits sont produits pour que tous en mangent, et non pour qu'ils soient l'objet de convoitise[19]. »

Nous sommes ramenés simplement mais de façon claire au travail-pour-autrui. *Aguyje* ne veut pas dire *parfaits* seulement du point de vue de la maturité puisque le texte est un hymne spirituel : ces fruits sont des fruits d'origine, donc encore divins, ce pourquoi ils sont dits "parfaits" : or,

---

18. Cf. D. Temple, *Le Quiproquo Historique* (2002), rééd. Coll. *réciprocité*, n° 12, 2018.

19. Cf. León Cadogan (1899-1973), *Ayvú rapyta. Textos míticos de los Mbyá-Guaraní del Guairá*, Universidad de São Paulo, Boletim 227, Antropologia 5, 1959/1992, p. 131, cité par Melià & Temple, p. 24.

ils sont produits *pour être donnés et pour que tous en mangent*. D'autre part, nous sommes devant un mode d'être *(teko)* qui s'accommode de tout habitat, de tout statut, y compris artisan, et de différentes organisations sociales, maisons séparées, maisons réunies en village ou *maloca* (grande maison). Le précepte ou le commandement est ici très général : il s'agit des fruits du travail humain.

La différence est de taille avec le foncier occidental : le travail de la terre est pour autrui avant que d'être un travail pour soi ! Dit autrement, le rapport à l'autre qui permet de construire la société n'est pas l'*échange* mais la *réciprocité* ! Ici, la réciprocité n'est pas la structure qui fonde seulement les valeurs morales tandis que l'échange fonderait l'économie matérielle, comme le crut Marcel Mauss, la réciprocité fonde une économie politique dans laquelle les valeurs éthiques sont indissociables des biens matériels !

La raison, donc, ne se réduit pas à la raison du calcul, à une raison motivée par le profit et qui s'opposerait ou serait indifférente à toute valeur éthique, mais elle est la raison pratique pour produire des fruits *parfaits*. Le *fruit parfait* dont se nourrit l'humanité, c'est le fruit du travail-pour-autrui. Le commandement peut également signifier par l'adjectif *parfait* qu'il vaut mieux utiliser des techniques rationnelles au sens où il n'y a de rationnel que ce qui sert l'humanité tout entière et non le bénéfice de quelques-uns.

Enfant amérindien du Mato Grosso, 1896, Brésil.
(Photo de Marc Ferrez, 1843–1923)

Fer d'esclave, Haïti.

(Photo d'Antoine Taveneaux, 2008)

II

LE DROIT FONCIER CHEZ LES BOSSALES DE HAÏTI

Culture de domination et Culture de non-domination

Gérard Barthélemy[20], dans son travail sur l'esclavage aux Antilles, traite, d'une part, des *Bossales,* c'est-à-dire des esclaves amenés d'Afrique, et d'autre part, de leurs descendants, les esclaves *Créoles.*

Le contexte haïtien permet d'isoler les différents acteurs de l'histoire et de suivre leur destin sans confusion ni mélange. On relève la surprenante *irréductibilité de deux systèmes* qui chacun se déploie à sa manière – d'une manière non dialectique donc et sans rester à un stade primitif du fait du développement de l'autre. Il est dès lors nécessaire de faire appel à deux ensembles de catégories différents pour interpréter les équilibres sociaux, économiques,

---

20. Gérard Barthélemy, *L'univers rural haïtien. Le pays en dehors,* L'Harmattan, Paris, 1990. Lire aussi de Barthélemy, « Le rôle des Bossales dans l'émergence d'une culture de marronnage en Haïti », in *Cahiers d'Études africaines,* n° 148, XXXVII-4, 1997, pp. 839-862. « Le droit foncier chez les Bossales de Haïti » a été publié sur Internet en 2004.

politiques, en Haïti, et de considérer à chaque moment de l'histoire leur "interface".

Première observation de Gérard Barthélémy : les relations de réciprocité de parenté des communautés africaines auxquelles appartenaient les esclaves de première génération, les Bossales, sont totalement détruites par la traite et l'esclavage. Toute référence à une identité originaire d'Afrique est impossible pour les esclaves de deuxième génération, les esclaves créoles. La disparition des structures de réciprocité communautaires les oblige à obtenir une reconnaissance sociale, une identité, dans le statut que leur confèrent les colons et selon les critères de référence de la société coloniale. La violence apparaît comme un catalyseur de l'intégration parce qu'elle condamne la victime à ne se trouver un nom que dans l'image que lui accorde le vainqueur.

À Haïti, il n'y a pas de compromis. La destruction de toute référence à des structures de réciprocité d'origine est systématique. La pratique des langues africaines est interdite et les esclaves sont donc intégrés à la société coloniale : la deuxième génération ne peut faire autrement que de se conformer aux normes occidentales.

« Une relecture de l'histoire d'Haïti nous permettra de mieux situer les termes du problème. Nous verrons ainsi que, dès la fin des luttes pour l'indépendance et immédiatement après celle-ci, l'agression coloniale classique contre le milieu bossale fut reprise en charge, presque à l'identique, par le milieu créole lui-même et que dans les années suivantes cette réaction quasi instinctive non seulement provoqua un balancement permanent entre culture créole et culture bossale, mais aussi déclencha entre les deux un antagonisme qui constitue depuis lors l'une des constantes de la société haïtienne[21]. »

Cependant, comme « la durée moyenne de survie d'un esclave ne dépassait pas sept années », pour compenser ces pertes effrayantes, de nouveaux Bossales sont amenés de leurs communautés d'origine[22]. Deux logiques différentes sont donc constamment confrontées pour les esclaves. Celle des esclaves créoles et celle des esclaves bossales.

Deuxième observation de Barthélémy : Nombreux sont les Bossales qui se heurtent aux esclaves créoles, s'enfuient et deviennent errants ou, dans la classification coloniale, sans travail et voleurs, désignés sous le terme d'esclaves "marrons". On s'attend néanmoins à ce que les Bossales disparaissent aussitôt que cessera la traite. Or, non seulement ils ne disparaîtront pas mais au contraire une part non négligeable d'esclaves créoles fuient les plantations et vont rejoindre la société bossale. Le mouvement est clair : il ne s'agit pas de la résistance des laissés-pour-compte ou des victimes de la dialectique coloniale mais d'un mouvement d'une partie de la société fascinée par un autre pôle de développement que celui des colons.

L'exemple haïtien donne à réfléchir sur le sort d'une partie de la population qui ne s'intègre pas à la colonisation ni sous la forme de l'*hacienda* (exploitation agricole) où les esclaves deviennent *peones* (ouvriers), ni sous la forme de la *chacra* (ferme individuelle) où ils deviennent de petits

---

21. Barthélémy, « Le rôle des Bossales dans l'émergence d'une culture de marronnage en Haïti », *op. cit.*, p. 840.

22. « L'intensification de la traite permit de compenser les pertes et même d'augmenter rapidement le nombre des esclaves pour atteindre 450 000 vers la fin du XVIIIe siècle. » *Ibid.*

paysans. Mais on peut avancer la conclusion suivante : la destruction des relations de réciprocité génératrices des valeurs éthiques d'une communauté entraîne l'intégration d'une partie de la communauté à la société coloniale et la fuite ou la résistance de l'autre partie qui choisit de s'organiser autrement.

« On peut toutefois aussi considérer cette culture bossale non comme une donnée mais comme une conquête progressive, comme l'expression commune du même refus de la culture esclavagiste. De façon plus générale, cela signifierait que certaines agressions culturelles particulièrement graves, au lieu de déclencher des phénomènes de régression ou d'adaptation de type créolisation, auraient déclenché des réactions de rejet absolu et facilité l'émergence de cultures neuves, sorte d'anticultures[23]. » [...]

« Ainsi allaient désormais se construire et se développer deux cultures séparées, dont aucune ne pourrait ni dominer totalement l'autre, ni l'éliminer. Mais la volonté hégémonique n'étant pas de son côté, la culture bossale ne pouvait se perpétuer que selon des modèles proches de ceux des noirs marrons tels que les décrit Price (1981), c'est-à-dire en termes de culture-riposte ou d'anticulture retrouvant et incorporant au passage d'anciens mécanismes africains[24]. »

Avant de discuter la question de la petite propriété paysanne, il faut souligner cette dernière observation de Gérard Barthélémy qui pourrait bien être une idée majeure pour l'interprétation de l'histoire des sociétés post-coloniales : « La volonté hégémonique n'étant pas de son

---

23. *Ibid.*, p. 840.
24. *Ibid.*, p. 849.

côté, la culture bossale… ». Si une société rejette la notion d'*hégémonie* et fait tout pour interdire la domination et l'exploitation des uns par les autres, elle ne pourra interpréter sa vision du même point de vue que celui d'une société où le critère de la réussite sociale est l'*hégémonie* ! Si la culture coloniale est une *culture de la domination*, il est normal que dans ses catégories, l'*autre* soit considéré comme *vaincu*, et que la vision des choses de cet *autre* soit dite *la vision des vaincus*. Mais cette *vision des vaincus* est une interprétation selon la perspective de celui qui se donne le titre de vainqueur ! Face à une culture qui prise au plus haut point la domination, la contre-culture de la non-domination sera certes sur la défensive mais sans pour autant se référer à une vision de vaincu ou de dominé. Elle cherchera par contre à préserver et organiser les espaces qui échappent au contrôle de la culture de domination en espaces de convivialité. Contrainte à la riposte, elle réinterprètera dans son espace les pratiques de la société dominante, et les réutilisera de façon paradoxale.

C'est ce que montre Gérard Barthélémy en Haïti : une pratique coloniale, l'héritage (*"l'éritaj"*), permet aux Bossales de se référer aux principes de réciprocité et de redistribution pour organiser leurs rapports humains. L'*éritaj* sera pratiqué sous une forme dite *égalitaire* mais sera réservé aux membres de la communauté familiale. Il deviendra une nouvelle forme de régulation des moyens de production dans un système que Barthélémy n'hésite pas à appeler la *contreplantation*.

« La contreplantation commença avec l'éparpille-ment, la fuite, l'émiettement. Elle s'installa d'abord sur les zones les plus proches des villes pour s'étendre peu à peu au détriment des terres sans droit avéré de propriété que l'État avait nationalisées au lendemain de l'Indépendance et qu'il allait distribuer progressivement par petits lots de sept hectares dont il ne pouvait empêcher l'occupation de fait. Mais l'extension s'opéra également par le rachat progressif des terres aux citadins et aux grands propriétaires éprouvant de plus en plus de difficultés à mobiliser une main-d'œuvre et des capitaux suffisants pour assurer la mise en valeur de leurs exploitations […].

Simultanément, pour se protéger d'un éventuel retour de la grande plantation, on développa un mode de propriété collective indivise qui permettait de sécuriser ces lopins individuels en les inscrivant dans une structure plus large et plus sûre, laquelle interdisait a priori la vente de terre à quelqu'un d'extérieur au clan. Au sein de cette structure, appelée *"éritaj"*, la propriété individuelle n'était plus qu'un droit de viager d'exploitation, puisque la terre ne pouvait être ni accumulée (à cause de l'héritage égalitaire) ni vendue librement à des étrangers au groupe[25]. »

En Haïti, non seulement l'*accumulation* est donc enrayée par la pratique de l'*éritaj*, non seulement la *propriété* est circonscrite dans une sphère supérieure de *partage*, mais dans la contreplantation, l'*exploitation de l'homme par l'homme* est impossible.

Laissons parler l'auteur :

« Parmi ces comportements, l'un des plus frappants fut le refus du salariat, phénomène qui fut à la fois cause et conséquence de la gestion autonome de la production au niveau de la cellule familiale […]. Les prestations de main-d'œuvre étrangère au foyer familial ne pouvaient

---

25. *Ibid.*, pp. 851-852.

guère se réaliser que dans le cadre des échanges de prestations propres à la structure collective de travail appelée *"coumbite"* ou "escouade", ou encore *"avan jou"* [...]. Cette espèce de contrôle social aboutissait à une répartition équilibrée du travail entre les différentes unités de production [...].

Un dernier trait – qui pourrait bien être le premier puisque ce comportement est un véritable enchaînement – doit être souligné. Il concerne la cohésion du groupe lui-même qui en dernier ressort apparaît toujours comme l'ultime et infaillible garant de la survie individuelle[26]. »

La vie sociale de ceux qui se refusent à *la culture de domination*, mais qui doivent la subir, est donc organisée selon des catégories absentes de la doctrine de ceux qui prétendent diriger le monde.

Trois conclusions nous semblent se dégager de l'étude de Gérard Barthélémy :

1/ Le développement communautaire fondé sur la redistribution et la réciprocité n'est pas une forme archaïque du système de l'échange. Même détruite de façon systématique, la réciprocité renaît non moins systématiquement comme riposte et pas seulement résistance au système occidental de l'échange.

2/ Les membres de la communauté de réciprocité ne considèrent pas que l'individualité de chacun d'eux est sacrifiée à une quelconque forme collective d'existence, mais que, à l'inverse, la communauté est la meilleure garantie de leur autonomie et de leur liberté.

---

26. *Ibid.*, pp. 852-853.

3/ Le fait de renoncer à l'idée du pouvoir des uns sur les autres, à la domination face à une société qui prône la concurrence vitale et la domination, conduit à une riposte silencieuse qui se traduit par une interprétation et réappropriation paradoxale des directives de la société dominante.

Pour conclure, citons une dernière fois Gérard Barthélémy, fin connaisseur de l'histoire sociale d'Haïti :

> « [...] pour les catégories les plus défavorisées de la société esclavagiste, l'indépendance en 1804 a été, surtout, le rejet du type d'organisation sociale et d'économie qui, en le justifiant, avait imposé cet enfer de la spéculation sur le "bois d'ébène".
>
> S'il y avait aujourd'hui rejet du Développement, ce serait sans doute parce que :
>
> – La société dont il s'agit, loin d'être une société archaïque, est en fait une société neuve qui n'a pas deux siècles d'existence.
>
> – La société dont il s'agit n'est pas une société pré-capitaliste ou pré-libérale, mais en fait une société que l'on pourrait presque qualifier de post-capitaliste, née à la fois d'un excès monstrueux de l'histoire de ce système et d'une réaction contre celui-ci[27]. »

---

27. Barthélemy, *L'univers rural haïtien, op. cit.*, p. 19.

Franswa Makandal, esclave *marron*, chef de plusieurs rébellions dans le nord-ouest de l'île de Saint-Domingue, condamné à mort le 20 janvier 1758 et livré le jour-même au bûcher.

(Image de Guilherme B. Ferri, 2018)

Vera historia,
ADMIRANDÆ CVIVS-
dam nauigationis, quam Hul-
dericus Schmidel, Straubingensis, ab Anno 1534.
usque ad annum 1554. in Americam vel nouum
Mundum, iuxta Brasiliam & Rio della Plata, confecit. Quid
per hosce annos 19. sustinuerit, quam varias & quam mirandas
regiones ac homines viderit. Ab ipso Schmidelio Germanice,
descripta: Nunc vero, emendatis & correctis Vrbium, Regio-
num & Fluminum nominibus, Adiecta etiamtabula
Geographica, figuris & alijs notationi-
bus quibusdam in hanc for-
mam reducta.

NORIBERGÆ,
Impensis Levini Hulsij. 1599.

Récit d'Ulrich Schmidl en Amérique, XVIᵉ siècle.

(Collection BnF, 2016)

III

LE DROIT FONCIER CHEZ LES PAYSANS PARAGUAYENS

L'importance des structures de réciprocité dans la genèse de l'identité guarani est bien connue. Dès le tout début de la Conquête de l'Amérique, Ulrich Schmidl[28] raconte, par exemple, que s'étant rendu compte de la valeur que les indiens *Cario* accordaient à leurs femmes et à leurs enfants (dans le système de réciprocité de parenté : symboles de la réciprocité d'alliance et de la réciprocité de filiation), le commandant Domingo Martínez de Irala, demanda à ses troupes de ne plus les massacrer mais de les faire prisonniers.

> « Avant d'attaquer, notre capitaine ordonna que nous ne tuions pas les femmes et les enfants mais que nous les capturions ; nous accomplîmes l'ordre et il en fut ainsi : nous capturâmes les femmes et leurs enfants et tuâmes seulement les hommes que nous pûmes tuer[29]. »

---

28. Ulrich Schmidl, lansquenet allemand à la solde des conquistadors, participa à l'expédition de Pedro de Mendoza (1534-1554). À son retour, il rédigea ses mémoires [1567]. Trad. espagnole : *Viaje al Río de la Plata*, Emecé editores, Buenos Aires, 1997. (C'est nous qui traduisons).

29. *Ibid.*, pp. 99-100.

« Et son plan fut excellent », dit Schmidl :

> « Après que tout cela fût arrivé, Tabaré ainsi que
> d'autres autorités des Cario vinrent au campement et
> demandèrent grâce à notre capitaine, priant qu'on leur
> rende leurs femmes et leurs enfants. »

Les Cario cessèrent de combattre les Espagnols, et
pour tenter de sauver les matrices de leur être social
devinrent leurs esclaves, et même leurs supplétifs. Mais à
quel prix ? Ils reçurent l'ordre d'anéantir les communautés
"ennemies" et durent s'en acquitter, pratiquant désormais
non plus la guerre ritualisée par les règles de réciprocité de
vengeance[30] mais la guerre coloniale selon les principes
espagnols en vigueur.

Le succès des Espagnols tient au fait d'avoir maîtrisé,
peut-être sans le savoir, la base de la société indigène : les
structures de réciprocité de parenté. Au prix de l'esclavage
s'installe un *compromis* au Paraguay car les structures de
parenté indigènes ne sont pas totalement détruites. De
même, les Missions vont supprimer la polygamie dans les
"Réductions"[31] mais ne détruiront pas le principe de la
réciprocité d'alliance (de parenté) comme base de
l'économie domestique et de la définition du *mode d'être*
guarani (*teko*). Ainsi, chaque famille guarani gardera la
coutume de porter aide gratuitement à tout apparenté qui le
lui demande et sans jamais revendiquer de contrepartie[32].

---

30. Cf. D. Temple, *La réciprocité négative. Les Tupinamba* (2004),
Collection *réciprocité*, n° 5, 2017.

31. Les Réductions (*Reducciones*) communautés religieuses
construites et gérées par les missionnaires catholiques en Amérique
latine entre le début du XVIe siècle et le milieu du XVIIIe siècle.

32. Cf. D. Temple, *Le Quiproquo Historique, op. cit.*

Cette "entraide" est un principe d'organisation économique, politique et social. La société guarani repose sur une indéfectible réciprocité qui outrepasse les limites imposées par les missionnaires qui désiraient adapter l'activité des travailleurs aux besoins de la famille nucléaire, d'une part, et d'autre part, aux besoins de l'Église. C'est ce que constate le père Antonio Ruiz de Montoya lui-même, fondateur de plusieurs Réductions guarani :

> « Ils sont tous laboureurs et chacun a son champ à part, et dès qu'ils ont onze ans, les jeunes tiennent à être loués de s'aider les uns les autres avec beaucoup de désintéressement. Ils ne pratiquent ni vente ni achat parce que c'est avec libéralité et sans intérêt propre qu'ils se secourent pour leur quotidien, usant de la plus grande libéralité avec les voyageurs, et ainsi il n'y a pas de vol, ils vivent en paix et sans litige[33]. »

Par ailleurs, c'est sous une forme collective que les Guaranis devront travailler les champs de l'Église, mais dans ce travail collectif, ils garderont également en réserve le principe du *partage*.

L'ethnologue Branislava Susnik[34] souligne un fait symptomatique : lors de la fin des Réductions en Amérique latine (vers 1767), le gouvernement de Buenos-Aires envoie des messagers dire aux Guaranis qu'ils sont "libérés" de la tutelle missionnaire et du travail "collectif", et que les terres

---

33. Antonio Ruiz de Montoya, *Conquista espiritual hecha por los religiosos de la Compañía de Jesús en las Provincias del Paraguay, Paraná, Uruguay y Tape,* [Madrid 1639], rééd. El Lector, Asunción, 1996 ; chap. XLV. (C'est nous qui traduisons).

34. Branislava Susnik (1920-1996), *El Indio colonial del Paraguay,* cap. 1 *El Guaraní colonial,* Museo Etnográfico "Andres Barbero", Asunción, 1965-1966.

vont être privatisées, mais l'effet d'annonce est l'inverse de ce qu'attendent les "libérateurs" : les Guaranis s'enfuient, rapporte Susnik, terrorisés au point même d'abandonner leurs femmes et leurs enfants. Ils disparaissent dans la forêt. La destruction des structures de réciprocité encore préservées dans les Réductions se traduit par une perte d'identité, une mort sociale des Guarani.

Mais disparaissent-ils tous ? De nombreux Guaranis deviennent des *paysans sans terre,* errants d'abord, puis s'approprient quelques hectares de terrain et deviennent de petits agriculteurs. Le "champ", comme le décrivait de façon précise Montoya, signifiait bien le travail personnel, mais pas pour engendrer une propriété privée. Pourtant, il a été souvent interprété ainsi, comme par exemple dans l'étude des deux systèmes économiques des *Paî Tavyterã* (Guaranis) et des *Koygua* (paysans créoles) du nord-est du Paraguay, que nous propose Georg Grünberg[35].

Grünberg observe bien que le système guarani (*Paî*) est fondé sur la réciprocité et la redistribution :

> « L'économie *paî* est une économie de subsistance, basée sur l'agriculture, c'est-à-dire un régime de production dans lequel la circulation des biens se fonde sur la distribution, la redistribution et la réciprocité[36]. »

Il reconnaît l'*antagonisme* de deux systèmes économiques :

> « Au principe du profit est substitué celui de la meilleure répartition possible des risques pour pouvoir assurer la survie de la communauté. »

---

35. Georg Grünberg, « Dos modelos de economía rural en el Paraguay : Paî Tavyterã y Koygua », in *Estudios paraguayos,* vol. III, n° 1, Asunción, 1975, pp. 31-39. (C'est nous qui traduisons).

36. *Ibid.,* pp. 31-32.

Mais lorsqu'il étudie l'usage de la terre, principal moyen de production pour la société paraguayenne, il oppose l'usage des paysans et celui des indigènes en interprétant la petite propriété paysanne comme une propriété privée à l'origine de la propriété capitaliste, et en confondant la parcellisation de la propriété familiale avec la privatisation qui permet au contraire leur expropriation par des sociétés anonymes, alors qu'elle est, comme Gérard Barthélémy l'a démontré dans son étude chez les Bossales et les Créoles de Haïti, une procédure de lutte contre cette privatisation.

> « La différence majeure entre l'économie des paysans créoles et celle des *Paî* se trouve justement dans leurs relations de propriétés distinctes : tandis que les uns entendent "propriété", comme un droit exclusif et personnel pour son usage et l'échange (la vente), dépendant seulement de la volonté de son "maître" ; pour les *Paî* une "propriété" est toujours subordonnée aux normes du *teko porã*, valeurs avant tout sociales[37]. »

Grünberg situe l'interface de système à cette question de la propriété de la terre.

> « C'est un système sans classe qui continuera tant que les moyens de production, en premier lieu, la terre, ne s'approprieront pas individuellement[38]. »

C'est cette thèse qui a prévalu jusqu'à aujourd'hui pour les capitalistes comme pour les anti-capitalistes. Il suffit que l'on prononce le mot *propriété* pour qu'il soit entendu qu'il s'agit de la conception occidentale de la propriété, même si

---

37. *Ibid.*, p. 34.
38. *Ibid.*, p. 32.

de toute évidence les "indigènes" entendent tout autre chose, et même s'ils pratiquent, sous le manteau d'une législation occidentale, le contraire de ce que celle-ci prétend leur imposer.

Lorsqu'il décrit le mode de production *paî* et qu'il le compare au mode de production des paysans *créoles*, Georg Grünberg observe que les pratiques sont les mêmes, c'est-à-dire que les paysans paraguayens ont les mêmes formes de travail, de production et de répartition des récoltes que les Guaranis – et il observe également que les uns et les autres se réfèrent au principe de réciprocité ! León Cadogan auquel il fait référence, décrit :

> « Pour débroussailler la campagne, pour couper et brûler la forêt, comme également dans les travaux de débroussaillage, on recourt à la *minga* ou *media*, termes qui s'utilisent pour désigner le travail coopératif ou en équipe. Les groupes d'agriculteurs s'organisent dans chaque compagnie sans exclure nécessairement les voisins d'autres compagnies. Avant que ne commencent les travaux, on fixe un jour pour chaque intéressé qui devra en règle générale assurer le petit déjeuner et le déjeuner du groupe. Les équipes de 10 à 20 hommes sont fréquentes. Le même système mais à plus petite échelle s'utilise pour rassembler le troupeau, le marquer, etc. [...][39]. »

Grünberg estime cependant que par le moyen de relations commerciales ordonnées au profit et à l'accumulation :

---

39. Cf. León Cadogan (1899-1973), « Algunos datos para la Antropología Social Paraguaya », in *Suplemento Antropológico* 2 (2), 429-479, Asunción, 1967 ; cité par Grünberg, *op. cit.*, p. 37.

« [...] entre les paysans, l'exercice du pouvoir économique se transforme en domination, parce que le puissant s'approprie l'excédent sans redistribution équivalente[40]. »

Ce qui laisse entendre un passage continu du système de réciprocité au système capitaliste, mais la continuité en question paraît bien ici extrapolée et marquée par l'*a priori* d'une évolution de l'humanité monophylétique.

Il conclut son analyse sous le titre de « Les deux systèmes » :

« En résumé nous pouvons constater que dans le cas des paysans créoles (*Koyga*), il s'agit d'une "économie de subsistance" dans un régime dans lequel les unités de production et de consommation sont pour la plus grande part identiques et que la circulation est marchande. Dans le cas des *Paî Tavyterã* (dans leur forme traditionnelle), il s'agit d'une autre "économie de subsistance" dans laquelle les unités de production et de consommation sont identiques et partiellement collectives avec une circulation marchande très réduite. La différence entre les deux modèles ne réside pas dans les moyens de production (terres, outils), dans la division du travail, dans les formes de coopération (*minga, mba'e pepy, jopói*) ou dans les relations d'échange extérieur de produits et services (*changa*) mais dans les conceptions de propriété et dans des relations de pouvoir distinctes[41]. »

Il faut donc préciser ici que la notion de propriété, qui semble opposer le Guarani *créole* au Guarani *traditionnel*, n'est peut-être pas une frontière précise. Elle ne signifie pas

---

40. Grünberg, *op. cit.*, p. 38.
41. *Ibid.*, p. 39.

l'intégration au système capitaliste mais un compromis. Dès lors, l'on n'associera plus sans réserve la petite propriété et la grande propriété comme deux niveaux de pouvoir dans un système capitaliste sans se poser la question de savoir si elles ne correspondent pas plutôt à deux cultures différentes et à deux systèmes économiques différents, l'un organisé sur la propriété, et l'autre sur la privatisation de la propriété.

De même, la question du marché et du commerce devra être reconsidérée à partir de deux interprétations différentes faisant droit aux catégories de l'économie de réciprocité tout autant qu'à celles de l'économie capitaliste. Et comme les travailleurs des *haciendas* (exploitations agricoles) ont instauré à l'intérieur de celles-ci des comportements de réciprocité avec leurs patrons, la notion de frontière de civilisation elle-même se compliquera. Peut-être vaudrait-il mieux parler d'*interface de systèmes,* cette notion permettant d'interpréter chaque segment de la réalité dans non pas une théorie, mais deux.

Faut-il en effet interpréter la tripartition des *riches,* des *classes moyennes* et des *pauvres* comme un rapport de forces dans un seul système économique, avec pour symbole de la médiation de l'inférieur au supérieur le titre de *don* attribué par les colons à ceux des indigènes qu'ils intègrent dans leur théorie[42] ? Ou bien doit-on concevoir plusieurs pôles de différenciation de la société dont les rapports sont

____

42. Le titre de *mburuvicha* « celui qui est ennobli par l'éloquence de sa parole » (Montoya, 1639) a été transformé par l'attribution honorifique de *don* au statut de cacique dans le sens de celui qui reçoit délégation de pouvoir absolu sur ses vassaux – toutes notions très éloignées du système guarani. Cf. Melià, *Mundo Guaraní, op. cit.,* pp. 195-196.

complexes ? Si les uns donnent le titre de *don* à ceux qu'ils veulent intégrer dans leur système colonial, les autres ne donnent-ils pas le titre de *karaí* (seigneurs) à ceux des Occidentaux qu'ils veulent intégrer dans un système de réciprocité[43] ? Doit-on tout interpréter en termes de capital, d'échange et d'exploitation, ou doit-on découvrir un autre développement qui résiste à la colonisation et se développe de façon masquée ? Ne serait-ce pas dans les relations entre deux évolutions antagonistes que la société trouverait ses différents équilibres (y compris sous forme de paradoxes) ? Quel serait alors le véritable front d'émancipation des populations du Paraguay, de Haïti ou du Brésil ?

On se méfiera donc de l'alternative : *intégration à l'économie de profit — organisation communautaire traditionnelle*, car elle oppose un système capitaliste contemporain à un système de réciprocité d'une époque ancienne. Une observation plus attentive doit opposer au capitalisme moderne, l'économie de réciprocité telle qu'elle se présente aujourd'hui. La structure de l'exploitation agricole de ces petits agriculteurs guaranis est apparemment la même que celle des petits agriculteurs haïtiens. Les paysans guaranis fuient la *privatisation* de la terre lorsqu'elle leur est imposée par l'État. Par contre, ils reconstituent ce que Montoya observait déjà dans les Réductions : l'usage personnel de la terre par leur travail — ce qui peut être interprété comme une propriété individuelle mais dans un contexte de réciprocité, et qui ne relève donc pas de ce que les Occidentaux appellent propriété privée : « Ils ont tous chacun leur champ à part et s'entraident les uns les autres ».

---

43. Certains auteurs comme Alfred Métraux ont interprété le choc entre les chamans guaranis et les prêtres catholiques comme une « guerre de messies », cf. Melià & Temple, *op. cit.*, p. 198.

Ces exemples, que l'on pourrait multiplier sur tout le continent, dénoncent la théorie occidentale qui n'imagine qu'une évolution linéaire à partir de la propriété jusqu'à la *privatisation* de la propriété, et qui applique à la terre et au travail son code civil. Non seulement deux systèmes cohabitent, mais lorsque le système occidental prétend s'imposer par la violence et faire disparaître l'autre, celui-ci renaît spontanément et se réinstalle très rapidement, parfois même en utilisant la législation de l'occupant. La forme de propriété que les paysans du Brésil et du Paraguay doivent respecter est fort ressemblante à la forme choisie par les agriculteurs de Haïti, car le travail n'est pas destiné à la propriété privée ou à l'accumulation, *le travail est fondamentalement un rapport à autrui.*

À Haïti comme au Paraguay, la démarcation est nette entre les plantations coloniales et les exploitations de ces petits agriculteurs. À Haïti comme au Paraguay, les petits agriculteurs sont des ouvriers des plantations *qui s'enfuient* devant la *privatisation* des terres de type occidental, en rupture donc avec la société coloniale-créole. Mais ces nouveaux Bossales, Bossales de culture et non plus d'origine, ne recréent pas des communautés indigènes. Ils ripostent aux capitalistes en réinterprétant leurs catégories de façon à en inverser le sens.

Art en métal sculpté d'Haïti.

(Photo de Alex Proimos, 2012)

Tri des pommes de terre à Huacuyo, province de Manco kapac, Bolivie.

(Photo de Jorge Luis Coaquira Condori, 2012)

IV

LE DROIT FONCIER CHEZ LES AYMARAS

Nous nous référons désormais à une étude de Marcelo Fernández[44] sur la *Marka Yaku*, du département de La Paz, dans les Andes de Bolivie.

La *marka* est une grande communauté aymara constituée par l'union de plusieurs *ayllu* (communautés). L'*ayllu* regroupe plusieurs familles (ou lignages) qui entretiennent entre elles des relations de réciprocité de type dualiste[45].

---

44. Marcelo Fernández Osco, *La ley del ayllu. Práctica de jach'a justicia y jisk'a justicia (Justicia Mayor y Justicia Menor) en comunidades aymaras*. Programa de Investigación Estratégica en Bolivia, La Paz, 2000.

45. Le titre « d'organisations dualistes », attribué à certaines communautés dont les *ayllu* aymaras, suppose qu'elles soient organisées au moins en deux *moitiés*. Mais ces *moitiés* sont toujours le support *à la fois* de l'amitié et de l'inimitié entre les parties. Il est donc possible de les envisager comme chacune double : deux moitiés qui s'entraident, amies, et deux moitiés qui s'opposent, ennemies. Sur l'interprétation des organisations sociales de type dualiste en Bolivie, lire de John V. Murra & Nathan Wachtel, « Présentation » [liminaire], in *Annales*, Collection Persée, 33e année, n° 5-6, Paris, Armand Colin, 1978, pp. 889-894.

La *marka* implique des structures de réciprocité précises : le *partage* et la *redistribution*, qui font intervenir un autre principe d'organisation de la société que le "principe dualiste", que nous appelons "principe moniste"[46]. Le système aymara coordonne donc entre elles diverses formes de réciprocité dont nous verrons les effets sur la question foncière.

La terre des « originaires »

Actuellement, les paysans originaires[47] de Yaku sont ceux qui possèdent les principales *aynuqa* (champs communautaires) des cinq *ayllu,* qui sont appelées terres des *jach'a phisqha* : « terres des originaires[48] ».

---

46. Principe organisateur de la vie matérielle et spirituelle qui a une fonction analogue au principe dualiste : il rétablit *l'équilibre nécessaire au contradictoire* à partir du redoublement du mouvement centripète des biens (la récolte, par exemple) en sens inverse (centrifuge), c'est-à-dire la *redistribution* qui, elle, est réalisée à travers l'institution de la *marka.* Cf. D. Temple, *Les deux Paroles,* chap. 3 La Parole d'union et le principe moniste, Coll. *réciprocité,* n° 3, 2017.

47. Autochtones aymaras connus également sous les noms de *sayañirus, jach'a uraqini* ou *jach'a phisqha.* Cf. Fernández, *op. cit.,* p. 130.

48. « Jusqu'en 1952, la structure sociale de la population de Yaku s'était configurée sur la base de deux catégories sociales : celle des métisses-créoles constituée de fermiers et non fermiers […] et celle des *originarios* (autochtones), *agregados* (petits originaires) et *sobrantes* (nouveaux-venus établis à la marge des *ayllu*), dénommés en bloc "indiens" par l'autre catégorie sociale. » *Ibid.,* p. 118.

Les originaires possèdent donc plus de terres que les non-originaires. En vertu de quelle disposition de droit, la chose est-elle possible ?

Il est évident que si le capital financier permettait d'acquérir la terre par vente, achat ou échange, d'autres que les "originaires" auraient pu devenir des propriétaires fonciers importants. Marcelo Fernández nous donne immédiatement la réponse : pour les Aymaras, la terre doit perdurer inaltérable sans qu'il soit permis de la détruire comme si elle imposait elle-même aux agriculteurs le respect de son intégrité et de sa fécondité ! Mais cette fécondité a un but : nourrir l'homme, c'est-à-dire tous les hommes. L'agriculteur est au service de cette fonction. Il a donc en charge de nourrir les habitants de la terre en respectant la fécondité de la terre. Les Aymaras disent que cette obligation communautaire (la *charge*) qui incombe à l'exploitant, c'est la terre qui en est investie : « *uraqiruw wakt'i cargu luraña* » : « À la terre incombe la charge[49] ».

Cependant, Fernández ajoute :

> « [...] la possession des terres de première classe, de plus grande et meilleure qualité, suppose un plus grand capital social et pouvoir politique[50]. »

---

49. Cf. Don Francisco Mamani, *ayllu* Mik'aya, 27 juin 1998, cité par Fernández, *op. cit.*, p. 130.

50. « En Yaku, nord de Potosí et Sica Sica, les qualificatifs de "méchant", "menteur" et "fainéant" (*qhuru*, *k'ari* et *jayra*) sont considérés comme des mauvais antécédents, qui rendent difficile l'accès aux charges ou responsabilités importantes. La communauté exerce un contrôle social beaucoup plus fort sur l'activité de ces personnes, indépendamment de leur catégorie sociale ou de la quantité de biens qu'elles possèdent. Être "pasado" non seulement veut dire avoir accompli de manière automatique les charges,

Double mouvement donc : la terre contraint au respect de certaines normes, mais le statut social qui correspond au respect de ces normes justifie la possession des terres en question.

Retenons l'expression aymara *à la terre incombe la charge*, elle nous semble fonder le *Droit de la Terre* : « La terre impose à qui la possède les charges, les services et les obligations », dit Fernández. Les meilleures et les plus grandes terres imposent les charges les plus importantes. L'auteur retourne certes la proposition en disant que la possession des terres les meilleures suppose *un plus grand capital social et pouvoir politique*. Mais, pour autant, en aucun cas la terre n'est liée à la propriété privée, au capital financier, à la vente, à l'échange. La Terre *possède* son usufruitier. Et c'est elle qui impose à son hôte ses objectifs. Quels sont ces objectifs ? Ils peuvent être résumés dans l'idée de *redistribution*. La Terre est présumée redistribuer ses fruits en fonction de règles dictées non par une relation de forces entre ses habitants mais selon les modalités les plus efficaces en vue de la satisfaction des besoins de la totalité de la population.

Cette population, relève Fernández, est constituée des *originarios, agregados* et *sobrantes* : c'est-à-dire les autochtones (*originarios*) qui peuvent vivre *naturellement* des fruits de la

---

surtout les "obligatoires", mais encore avoir accompli d'autres services comme celui d'être parrain, chargé de fêtes, conseiller. Dans l'accumulation de pouvoir social sont également comprises les charges "non-obligatoires", étant donné qu'elles confèrent des statuts, *suma aski chuymani jaqi* – personne diaphane et de confiance avec un haut sentiment de justice – ; en d'autres termes, elles conduisent au plein exercice de droits publics ou privés. » *Ibid.*, p. 145.

terre, ceux qui peuvent être *ajoutés* *(agregados)* grâce au développement de l'industrie humaine (les forestiers, par exemple) ou en cultivant des terres autrefois arides, ou encore en aidant les originaires, tout en étant dispensés de leurs charges les plus lourdes, et enfin ceux qui sont en *surnombre* (les *sobrantes* ou *jilt'iri* en aymara), qui pourront aussi bénéficier de la redistribution : s'ils n'ont pas reçu de terres par héritage, ils peuvent travailler les terres non occupées ou encore les terres des précédents grâce à différents mode de location ou fermage.

L'usage de la terre est donc tributaire d'une obligation première originaire : celle de nourrir les habitants. Cette obligation implique le *travail*. C'est pourquoi la Terre *possède* le travailleur, non le contraire, et la finalité du travail n'est pas la jouissance privée, mais le bonheur de la communauté. L'implication du travail oblige à prendre en compte les techniques les plus efficaces pour obtenir une rentabilité maximum des cultures et pâturages mais pour la *totalité* des habitants. Cette implication n'est donc pas laissée à l'initiative privée. Elle est contrôlée par la communauté qui a pour principale préoccupation *d'enrichir la terre* pour lui assurer sa plus grande fécondité. La Terre reste maîtresse non seulement de son appropriation mais de la technique que le travail humain met en œuvre pour la faire fructifier. La libre entreprise, qui est susceptible de porter préjudice à cette obligation, est donc impossible sans l'aval de la communauté.

« De manière générale, toutes les terres – *sayanãs, aynuqas, ayjaderas y chikiñas* – appartiennent à l'*ayllu* ou à la *marka*. Le concept de propriété individuelle, tel et comme elle s'entend dans la perspective occidentale [la propriété privée], n'existe pas. Ce qui existe uniquement c'est "l'usage familial" de la terre collective, que les villageois ont dénommé "usufruit", sans doute parce que ce concept correspond très bien à ce qu'ils entendent, eux, par propriété. En aucune manière leur idée de la propriété de la terre ne s'apparente à celle de la propriété privée telle que la propose la loi de l'État [...][51]. »

On comprend pourquoi le Code civil occidental est foncièrement hostile au Code rural aymara ! C'est qu'il lui faudrait accepter des préceptes antinomiques de ceux du Code civil.

Marcelo Fernández confirme :

« De façon interne, les terres peuvent être transmises, prêtées, louées ou vendues, mais pas dans le sens strict de ces concepts, sinon seulement dans celui du droit de leur usufruit. Le fait que dans les derniers temps quelques originaires émigrés à la ville n'aient pas pu accomplir leurs obligations avec la Terre, produisit leur cession ou "vente" aux *agregados* ou *sobrantes*. Dans ces cas-là, s'applique le principe que "la terre fait la charge", car l'acheteur doit se soumettre aux obligations et aux canons communautaires. De cette façon, l'*agregado* ou le *sobrante* qui originellement n'avait pas accès à l'exercice des charges d'autorité, avec l'achat ou la possession de ces terres peut faire partie du *kimsa kawiltu* [autorités morales les plus importantes de la communauté][52]. »

N'importe qui peut devenir sinon "originaire", du moins possesseur de "terres originaires". Ce sont les terres qui sont "originaires" (*jach'a phisqha*). Mais c'est alors bien la

---

51. *Ibid.*, p. 126.
52. *Ibid.*, p. 130.

Terre qui impose droits et obligations aux travailleurs vis-à-vis de la communauté, et à tous les travailleurs.

Le Code rural aymara est encore plus précis : dans cette catégorie dite des originaires, décrit Fernández,

> « [...] il existe des sous-catégories : premiers, seconds, troisièmes, quatrièmes et jusqu'à cinquièmes originaires. Les premiers originaires, dans les différents *ayllu*, possèdent de grandes extensions de terre, pour la raison que leurs aïeux assumèrent différentes prestations de service durant la colonisation et durant une partie de la République[53]. »

Or, pendant ces deux époques, les charges n'étaient pas seulement les obligations de redistribution vis-à-vis des autres membres de la communauté, la veuve et l'orphelin, elles étaient aussi le tribut à l'État et le service des colons qui ne se privaient pas d'exiger de fortes rentes. Les familles qui ont alors permis à leur communauté de survivre tout en satisfaisant les exigences des Créoles jouissent toujours du respect qu'elles se sont acquis.

Les terres acquises par les aïeux ne constituent donc pas une propriété pour les héritiers sans que ceux-ci ne doivent plus rien à personne. En réalité, l'héritage concerne surtout des charges vis-à-vis de la communauté. C'est la Terre qui désigne d'ailleurs son héritier. Elle oblige à donner à celui-ci ce qui lui permettra de respecter ses obligations communautaires. Ce sont les charges qui sont imprescriptibles.

---

53. De même, les « petits originaires » *jisk'a urijinaryu* sont divisés en trois catégories en fonction de leurs services et mérites vis-à-vis de la communauté qu'ils ont intégrée. *Ibid.*, pp. 130-131.

« Ainsi, par exemple, dans une famille d'originaires qui a trois enfants, devant la difficulté de continuer à parcelliser la terre, on peut choisir comme norme que le dernier né, ou *ikiñ thalthapi*, soit celui qui reçoive le statut d'originaire – également appelé *sayiri*. Ainsi, il remplacera le Père dans toutes ses obligations et services, pour de cette manière ne pas perdre les implications politiques et de prestige de la caste familiale, tandis que les deux premiers fils passent dans la catégorie des *agregados* [...][54]. »

On peut dire que la Terre impose sa norme, que la Terre nomme son serviteur. Mais l'auteur ajoute :

« Quant aux obligations de prestation de services, elles seront différenciées en prenant en compte la quantité de terres que chacun possède. »

Il faudrait donc posséder préalablement la terre pour exercer les charges qui lui sont attenantes[55].

On peut ainsi utiliser trois grilles de lecture pour interpréter la possession des terres :

1°/ La Terre impose à ses habitants des normes pour satisfaire la redistribution communautaire.

2°/ Le statut social impose les règles d'usage de la terre et légitime sa possession.

---

54. *Ibid.*, p. 75.

55. Les *sobrantes* peuvent rendre service à la communauté en tant que *alcalde de campo o justicia* (maire de campagne et de justice), mais ne peuvent exercer la charge supérieure de *mallku* (les représentants de l'*ayllu* qui incarnent la plus haute fonction au sein des autorités indigènes de la communauté), et moins encore participer de la *kimsa kawiltu* (l'expression la plus importante du pouvoir juridique et politique de la *marka*).

3/ Enfin, une troisième grille permettrait de dire : les titres ne sont pas significatifs d'obligations vis-à-vis de la communauté mais d'obligations de la communauté vis-à-vis des propriétaires : ce serait une lecture occidentale.

L'exercice de la charge demeure en réalité sous contrôle de la communauté notamment pour la répartition des richesses et l'exercice de la justice. Et plus on monte dans la hiérarchie des statuts afférents aux charges en question, et davantage on doit payer de sa personne. Les terres réservées aux originaires sont réservées à ceux qui distribuent le plus, et leur usufruitier ne peut échapper à l'*obligation* dont il hérite.

> « Les originaires étant la catégorie sociale qui possède le plus de terres, lorsqu'il s'agit d'apports ou de prestations de services, ils sont aussi ceux qui assument les plus grandes obligations envers la communauté, maintenant cette tradition de service[56]. »

Revenons à la répartition des terres, et à quelles fins elles ont été ou sont distribuées par la communauté. Nous verrons ensuite quelles sont les obligations que la communauté impose aux différents statuts de ceux qui en disposent.

Les terres reçoivent une définition qui est fonction de l'usage auquel elles peuvent être destinées, et celui-ci est déterminé par les besoins communautaires. Il faut ici abandonner les deux concepts occidentaux de propriété privée et propriété collective.

---

56. *Ibid.*, p. 75.

Marcelo Fernández traite d'abord des terres des originaires :

1°/ Le terme de *sayaña* dérive du vocable *saya* qui signifie base de sustentation. En traduction littérale, « se maintenir debout » : là où la famille se maintient debout, son fondement. C'est la terre où est construite la maison familiale, qui compte avec de petits plans de culture et d'enclos. En ce sens, tous les habitants de la *marka*, quelle que soit sa catégorie, possèdent une habitation avec les terrains adjacents, appelés également *uyus*. La *sayaña* est inaliénable et non transférable parce qu'elle appartient à la maison familiale. Les "communariens" de Yaku l'entendent comme l'unique espace sur lequel ils ont des droits absolus[57].

Cette "appropriation" est donc "imprescriptible" pour tout membre de la communauté, mais ce caractère obligatoire interdit le dénuement, la pauvreté, elle interdit d'être sans toit, elle garantit un minimum vital et un espace vital. Notons qu'aucun pays dit civilisé d'Europe ou d'Amérique du Nord n'est encore arrivé à construire un État de droit qui garantisse à tous ses citoyens une telle sécurité ni un tel revenu minimum d'existence, car une *sayaña* équivaut à une rente minimum et à un "habitat inviolable".

La question de "l'habitat inviolable" se discute en Europe actuellement, par exemple en France, certaines dispositions tendent à soustraire de la "liquidation de biens" l'habitation principale ; d'autres, le droit d'expulsion des locataires, mais la loi est encore loin d'être acquise. L'Europe est en fait parcourue par des centaines de milliers

---

57. *Ibid.*, p. 127.

d'exclus que l'on appelle des Sans Domicile Fixe (S.D.F) (sans parler des étrangers !), de sorte que se développe très vite à côté des chômeurs, une société en marge de toute société : les "exclus", pour lesquels le concept d'*exploitation* a dû être redoublé d'un nouveau concept : l'*exclusion*. Chez les Aymaras, l'inaliénabilité de la *sayaña* est un droit fondamental qui exclut l'*exclusion*.

2°/ Le terme de *aynuqa* désigne les terres dont la possession est communautaire. Une *aynuqa*[58] est composée d'une certaine quantité de plans de culture appelés *qallpa*. Chaque communarien a dans chaque *aynuqa* sa *qallpa* individuelle dont l'usage est familial. Celle-ci est destinée à la monoculture rotative qui est suivie de quelques années de jachère. Il y a deux sortes d'*aynuqa* : les premières (*jach'a phisqha aynuqa* ou *jach'a aynuqa*) appartiennent aux "originaires" des cinq *ayllu* et sont situées autour du centre de la *marka* ; les secondes (*jisk'a aynuqa* ou *lakxata*) sont situées à la périphérie des terres des originaires et appartiennent aux communariens des trois autres catégories sociales. Dans les deux cas, elles sont cultivées par la famille mais sous contrôle communautaire. Chaque *aynuqa* en effet a un nom et un rang dans la succession des cultures. Pour les premières, par exemple, tous les 9 ans commence la période de jachère, ce qui veut dire que, à Yaku, il existe neuf *aynuqa* correspondants aux originaires. Ainsi, chaque famille dispose de toutes les ressources que peut lui offrir l'agriculture, mais dans chaque *aynuqa* elle ne dispose que

---

58. La racine *ayni* désigne plusieurs formes d'entraide, le suffixe *nuqa* a entre autre le sens de répétition d'une action et celui de la localisation. Le terme *aynuqa* signifie originellement la répétition de relation d'entraide dans un espace et un lieu donné : « Terres de la communauté ».

d'une ressource déterminée par la rotation des cultures prescrite par l'organisation entre elles des différentes *aynuqa*.

Il est clair que les concepts de propriété privée et de propriété collective sont impuissants à décrire cette appropriation communautaire. Il est impossible en effet aux uns ou aux autres de prendre une initiative privée sur une parcelle qui est pourtant cultivée de façon privée (récolte comprise). Par ailleurs, chaque parcelle d'*aynuqa* est répertoriée comme possession de telle ou telle famille afin sans doute de contrôler leur transmission de génération en génération, de sorte que ne se produise aucune division parcellaire entre héritiers qui serait préjudiciable à l'organisation générale de l'activité agricole communautaire.

C'est donc encore la terre qui fait prévaloir ses exigences aux usagers (rotation des cultures, jachères, équilibres biologiques et dimensions des plans de culture, ainsi que leur transmission intégrale). Il est impossible de transgresser le bon usage de la terre. Même lorsque le propriétaire loue ses terres à des *sobrantes* (étrangers à la communauté), il ne loue que des usages arbitrés : la location impose en effet le respect de la rotation des cultures en cours : « la location est triennale : la première année, pomme de terre, la seconde année, fève, maïs et coca, et la troisième année, oignon et blé », décrit par exemple don Agustín Domingo Quispe, de l'*ayllu Qawa*, en 1998[59].

3°/ Le terme aymara de *ayjadera* désigne par excellence les espaces destinés au pâturage. Cette fois-ci le travail est collectif car les troupeaux paissent ensemble. Le contrôle de ces terres relève de l'autorité et des membres de l'*ayllu*.

---

59. Cité par Fernández, *op. cit.*, p. 131.

4°/ Les terres, qui se disaient dans l'ancien temps *haymatha,* étaient selon le dictionnaire de Bertonio[60], des « terres travaillées par la communauté pour le compte du cacique, du tribut et des pauvres ». Depuis la réforme agraire de 1953, elles sont appelées *chikiña* :

> « Ce sont des terres de culture destinées uniquement à engendrer des fonds pour supporter les coûts que doivent affronter les autorités et la communauté. Initialement, pour cet objectif, chaque *ayllu* était obligé à ce que tous ses contributeurs ou tributaires disposent annuellement d'une ou plusieurs *qallpa* selon le système de rotation ou *thakhi*. La culture et la récolte sont collectives, constituant une obligation communautaire. […].

> La production de ces terrains communautaires, en dépit d'être au bénéfice des autorités, n'est pas à leur disposition et reste sous contrôle de l'assemblée communale[61]. »

Il s'agit donc d'un droit qui n'appartient ni aux particuliers ni à la collectivité ni même aux autorités : la responsabilité incombe apparemment à l'autorité de la communauté, mais cette autorité ne dispose du bien à redistribuer que sous le contrôle de la communauté et pour satisfaire les nécessités des pauvres, orphelins, veuves ou personnes âgées sans descendance, aux impôts de l'État et, lors de la réforme agraire de 1952, à l'entretien des brigades mobiles de la réforme agraire !

---

60. Ludovico Bertonio, *Vocabulario de la lengua aymara* [1612] (1984 : 127). *Ibid.,* p. 129.
61. *Ibid.,* pp. 129-130.

Chez les Occidentaux, le Code civil traite la Terre comme un moyen de production illimité. L'appropriation initiale peut alors être arbitraire. Et chacun peut donc imposer à la terre qu'il s'approprie l'usage qu'il désire. Ici, c'est l'inverse : la Terre est première. Les habitants s'obligent à se répartir le sol cultivable d'une façon qui soit la plus adéquate possible pour nourrir tous les habitants. On pourrait imaginer que s'ensuive une simple parcellisation du territoire en fonction du nombre des individus. Mais pour une communauté l'individu n'existe pas seul, il participe, comme nous l'avons vu, d'une relation ou de plusieurs relations de réciprocité[62].

Le *droit de la Terre* implique donc le respect des relations qui définissent les conditions de l'existence sociale ou politique des hommes.

---

62. Cf. D. Temple, « Essai d'interprétation de la valeur chez les Aymaras », (2004). En ligne sur le site de l'auteur.

Vue de La Paz depuis El Alto, avec la montagne *Illimani*

(Photo de EEJCC, Bolivie, 2012)

Déméter offrant des épis de blé à Triptolème pour qu'il les donne à l'humanité tandis que Perséphone le bénit.

Marbre cultuel trouvé à Éleusis (v. 440 av. J.-C.).

(Musée National Archéologique d'Athènes)

La colère de la Terre

À l'origine, l'homme ne s'approprie que ce que lui donne la Terre, les fruits et les proies, mais dépasse sa condition primitive parce que en s'adressant à autrui grâce à une relation de réciprocité d'offrande ou d'entraide (*potirõ, jopói...*) il se découvre une *conscience commune* qu'il exprime par la parole et le langage.

Dès qu'il s'enquiert de l'offrande dont l'autre se réjouit, il s'empare de ce qu'il peut emprunter à la Terre de rare ou de précieux, du miel ou du sel, par exemple. Et l'homme qui trouve dans la nature l'objet qu'il désire offrir, le marque de son nom. La *propriété* est ainsi placée immédiatement sous le signe de l'altérité car ce n'est pas pour consommer soi-même, plus tard, que l'on garde quelque chose, c'est pour l'offrir à la première occasion afin de reproduire ou pérenniser une relation de réciprocité constituante de la communauté.

C'est à partir de la réciprocité que toute chose acquiert du sens (une part du *soi* qui devient *soi* de l'autre pour autant qu'il demeure ce qu'il est), et le *don* se veut le signe d'une *amitié* qui transcende la condition primitive.

La propriété qui s'acquiert par le travail est redevable de son sens au sentiment qui naît de la réciprocité dans laquelle le travail est investi. Mais encore faut-il être l'auteur de l'offrande, et cela engage la production de celui qui entend se faire reconnaître comme tel.

Comme le souligne Marx, la propriété est synonyme de production d'une valeur d'usage. Cette propriété se dédouble aussitôt en celle qui fait appel à un travail collectif et celle qui n'a besoin que d'un effort individuel. À la *possession* animale du corps, de l'air, de l'eau, du soleil, s'adjoint donc la *propriété individuelle* (la *sayaña* des Aymaras) et la *propriété collective* (l'*aynuqa*) dont le but est d'assurer la production des biens nécessaires à la communauté.

Lorsque la division du travail enrichit la société des métiers artisanaux, la propriété des moyens de production est consentie aux artisans en raison de l'utilité de leur savoir-faire pour la communauté. La forge et le moulin sont complémentaires du grenier. Le marché régule bientôt la distribution des richesses, et la monnaie permet aux intermédiaires de spéculer sur les différentiels de valeurs pour constituer un pouvoir d'investissement proportionnel à l'accumulation de valeur d'échange.

Or, par le biais de l'échange, celui qui met la main sur les moyens de production peut aussi dominer l'économie politique, et inféoder la réciprocité à son bon plaisir. Aristote a dénoncé ce détournement en citant Thalès de Milet, qui, après avoir loué tous les moulins de sa région, ne consentit à leur usage que moyennant une rente considérable[63].

Il reste que la Terre, qui fut immense et vierge, permettait à chacun de refuser de payer le tribut et de s'en aller créer ailleurs les conditions d'une économie de réciprocité. Mais, inlassablement, le même système s'est reproduit qui promeut le pouvoir de l'imaginaire du mieux loti, ou, dit autrement, qui oppose le souci d'être reconnu

---

63. Cf. Aristote, *La politique,* livre I, chapitre IV.

comme le plus grand ou le meilleur à l'obligation de subordonner cette ambition à la Loi commune.

Comment s'échapper de la réciprocité inégale qui autorise le plus favorisé à imposer son imaginaire ou son pouvoir ? Le *troc* est depuis les origines la solution que les communautés se sont proposée, et les commerçants assurèrent la compatibilité de la *réciprocité* et de l'*échange*[64]. Mais l'homme n'en demeure pas moins soumis à la tentation du pouvoir : ici le pouvoir de la redistribution (le *prestige*), là de l'accumulation (le *profit*).

Le capitalisme l'a emporté en Europe lorsque dans la Constitution des peuples il parvint à substituer au *droit de propriété* celui de la *privatisation de la propriété*. Dès lors, la Constitution ne veille plus à distribuer les ressources en fonction de leur usage mais à priver les uns de leur appropriation au profit des autres. La privatisation de la terre ne s'entend pas comme sa mise en production selon son usage pour le bénéfice de la communauté mais comme l'appropriation exclusive de ce que l'on appelle le fonds, du sol, escompté comme producteur de richesse. Par quel moyen a-t-on pu modifier la définition de la propriété et la dédoubler entre *abusus* et *fructus*, nue-propriété et usufruit, et par l'*abusus* priver autrui de son *usus* ? Cette privation du droit d'autrui sur la propriété de la terre fut obtenue par coup d'état et usage de la force.

La privatisation de la propriété de la terre et du travail humain en tant que ressource ou moyen de production déchaîna la colonisation et l'exploitation capitaliste. Que les capitalistes eux-mêmes instituent des règles de libre-

---

64. Cf. D. Temple, *L'économie politique II - Apologie du marché*, Collection *réciprocité* n° 14, 2018.

échange entre ceux qui se sont emparé du travail humain et de la terre, il n'en reste pas moins que le fondement de la dignité qu'ils se reconnaissent entre semblables, limités à leur intérêt, leur imaginaire et leur appétit de pouvoir, est déterminée par la violence.

Mais ce système est plausible du moins tant que la genèse de la valeur demeure une énigme, tant que la propriété est confondue avec la privatisation de la propriété, c'est-à-dire la privation du droit d'autrui, tant que la raison éthique demeure prisonnière de l'imaginaire des uns et des autres, tant que chacun se justifie de se libérer de la sujétion à la Loi par la primauté qu'il accorde à la liberté absolue fût-elle sans raison et arbitraire, et qu'il n'est plus à même de contribuer rationnellement à la réciprocité généralisée qui le constituerait comme citoyen à part entière.

Il est plausible aussi tant que la Terre offre un espace suffisant à quiconque veut s'investir dans un autre avenir que celui de la jouissance du pouvoir. Mais c'est ici que se rencontre un obstacle infranchissable : les techniques utiles à la lutte pour le pouvoir sont d'une efficacité telle, et les limites de la terre si fragiles, qu'il n'existe plus d'alternative.

Alors la Terre fait entendre son droit : celui de nourrir et d'élever l'humanité tout entière. Peut-on priver la communauté humaine du droit de la Terre de nourrir tous ses habitants ? Et qui peut se glorifier de l'empêcher d'élever l'homme jusqu'à la raison ?

Le 1er chant du texte mythique des Mbyá-Guarani *Ayvú Rapyta* « L'origine de la Parole » s'intitule *Maino i reko ypy kue :*

« L'acte premier du colibri »

(Photo de Dario Sanches, São Paulo, 2007)

(Notes et illustrations, Hélène Temple)

BIBLIOGRAPHIE

Barthélemy Gérard, *L'univers rural haïtien. Le pays en dehors*, Paris, L'Harmattan, 1990.

Barthélemy Gérard, « Le rôle des Bossales dans l'émergence d'une culture de marronnage en Haïti », in *Cahiers d'Études africaines*, n° 148, XXXVII-4, 1997.

Bertonio Ludovico, *Vocabulario de la lengua aymara* [1612]. Edición facsimilar, municipalidad de La Paz, (1956), 1984.

Cadogan León, *Ayvú rapyta. Textos míticos de los Mbyá-Guaraní del Guairá*, Universidade de São Paulo, Boletim 227, Antropologia 5, 1959/1992.

Cadogan León, « Algunos datos para la Antropología Social Paraguaya », in *Suplemento Antropológico* 2 (2), 429-479, Asunción, 1967.

Clavero Bartolomé Salvador, « Derecho agrario indígena entre código frances, costumbre Aymara, orden internacional y Constitución boliviana », in *Revista de estudios políticos*, n° 125, Bolivia, 2004.

Colomb Christophe, *La découverte de l'Amérique* (3 vol.), rééd. *Écrits complets 1492-1505*, éd. La Découverte, Paris, 2015.

Fernández Marcelo Osco, *La ley del ayllu. Práctica de jach'a justicia y jisk'a justicia (Justicia Mayor y Justicia Menor) en comunidades aymaras*, Programa de Investigación Estratégica en Bolivia, La Paz, 2000.

Grünberg Georg, « Dos modelos de economía rural en el Paraguay : Paî Tavyterã y Koygua », in *Estudios paraguayos*, vol. III, n° 1, Asunción, 1975, pp. 31-39.

Lévi-Strauss Claude, *Les Structures élémentaires de la parenté*, Paris-La Haye, Mouton, (1947), 1967.

Melià Bartomeu, *Mundo Guaraní*, 2da edición corregida e ilustrada, Editada por Adriana Almada, Asunción, 2011.

Melià Bartomeu, *El Guaraní conquistado y reducido, Ensayos de etnohistoria*, vol. 5, Asunción, 1988, rééd. 1993.

Melià Bartomeu & Dominique Temple, *El don, la venganza y otras formas de economía guaraní*, Centro de Estudios Paraguayos "Antonio Guasch", Asunción, 2004, version en français : *La réciprocité négative. Les Tupinamba*, Collection *réciprocité*, n° 5, 2017.

Montoya Antonio Ruiz (de), *Conquista espiritual hecha por los religiosos de la Compañía de Jesús en las Provincias del Paraguay, Paraná, Uruguay y Tape*, [Madrid 1639]. Rééd. El Lector, Asunción, 1996. Voir aussi : *El Tesoro de la lengua guaraní* [Madrid, 1639].

Murra John V. & Nathan Wachtel, « Présentation » [liminaire], in *Annales*, Anthropologie historique des sociétés andines, Collection Persée, 33e année, n° 5-6 sept.-oct., Paris, Armand Colin, 1978, pp. 889-894.

Sahlins Marshall, *Stone Age Economics* [1972]. Trad. franç. *Âge de pierre, âge d'abondance*, Paris, Gallimard, 1976.

Schmidl Ulrich, [1567]. Trad. espagnole : *Viaje al Río de la Plata*, Emecé editores, Buenos Aires, 1997.

Susnik Branislava, *El Indio colonial del Paraguay*, Museo Etnográfico "Andres Barbero", Asunción, 1965-1966.

Temple Dominique, *La Dialectique du don. Essai sur l'économie des communautés indigènes*, Paris, Diffusion Inti, 1983. 2de édition : La Paz, Hisbol, 1986, rééd. 1995.

Temple Dominique, *Les deux Paroles* (2003), rééd. Collection *réciprocité*, n° 3, 2017.

Temple Dominique, *Le Quiproquo Historique* (2002), rééd. Collection *réciprocité*, n° 12, 2018.

Temple Dominique, *L'économie politique II Apologie du marché* (2014), rééd. Collection *réciprocité*, n° 14, 2018.

Temple Dominique, « Essai d'interprétation de la valeur chez les Aymaras » (2004), en ligne sur le site de l'auteur.

Imprimé à la demande par Lulu.com
Dépôt légal février 2019
Illustration de couverture : Jules Breton,
Le chant de l'alouette (1884)
(Art Institute of Chicago)